没什么大不了

〔美〕雷切尔·布莱恩◎著　　曾俊秀◎译

再见！

工具箱

北京科学技术出版社

100层童书馆

著作权合同登记号　图字：01-2022-5490

图书在版编目（CIP）数据

没什么大不了 / （美）雷切尔·布莱恩著；曾俊秀译. —北京：北京科学技术出版社，2023.2
书名原文：THE WORRY (LESS) BOOK: Feel Strong, Find Calm, and Tame Your Anxiety!
ISBN 978-7-5714-2616-3

Ⅰ.①没… Ⅱ.①雷…②曾… Ⅲ.①焦虑－心理调节－青少年读物 Ⅳ.① B842.6-49

中国版本图书馆 CIP 数据核字 (2022) 第 218397 号

策划编辑：石　婧		**电　　话**：0086-10-66135495（总编室）
责任编辑：代　艳		0086-10-66113227（发行部）
封面设计：沈学成		**网　　址**：www.bkydw.cn
图文制作：沈学成		**印　　刷**：北京博海升彩色印刷有限公司
责任印制：张　良		**开　　本**：880 mm×1230 mm　1/32
出 版 人：曾庆宇		**字　　数**：28 千字
出版发行：北京科学技术出版社		**印　　张**：2.25
社　　址：北京西直门南大街 16 号		**版　　次**：2023 年 2 月第 1 版
邮政编码：100035		**印　　次**：2023 年 2 月第 1 次印刷
ISBN 978-7-5714-2616-3		

定　　价：59.00 元

欢迎！

这本书送给可能会焦虑的人，
也就是每个人啦！

这本书**能**

解释焦虑时你的身体如何工作

我生病了吗？

（没有。）

帮助你识别焦虑

这就是焦虑！

啊……

为你提供让你平静下来的方法

这本书**不能**

告诉你焦虑何时出现

焦虑会自然地出现。

捡起你的脏袜子

不可能！

让所有焦虑消失

讨厌。

等等，**焦虑**是什么？

焦虑是一种 情绪，

就像 高兴  、 生气  或 期待  。

焦虑是感到

啊！

担忧、 紧张 或 害怕。

焦虑能提醒我们
注意危险。

但是，这种感觉也会
让人不舒服。

当心！
谢谢！
危险！
焦虑

啊……
焦虑

那么，不论是

个别事物给你带来了
一点点焦虑

还是

许多事物给你带来
了很多焦虑

在课堂上
被点名

坏狗狗

乘公交车

食堂的食物

所有的狗

"校霸"

交新朋友

背诵

数学考试

这本书都能帮助你

了解自己的焦虑	意识到焦虑不过是生活的组成部分	找到平静下来的"工具"

看到你啦!

啊!

焦虑

哦，又是你。

嘿!

再见!

工具箱

第1章 身体的警报系统

每天，每个人都可能产生一些开心和不那么开心的感受。

7:00 牙膏喷出
哎呀!
生气

9:00 见到朋友
兴奋

13:00 测验
哦，不。
紧张

15:00 踢足球
自信

人人都有
焦虑的时候。

我现在很焦虑!

焦虑就像你自身的警报系统，
提醒你注意危险。

有时，你的大脑**预测**出了潜在危险，
警报便响起了。

焦虑还有其他的表现形式……

不安
（通常出现在事情不顺利的时候）

害怕
（担心危险发生）

紧张
（浮躁、神经质、坐立不安）

担忧
（满脑子都是未来可能出现的麻烦）

压力大
（神经紧绷、不知所措）

恐慌
（突然感到强烈的恐惧）

尽管焦虑大多数时候并不受欢迎，
但有时适度焦虑是有好处的。

大脑做出的预测能
保障你的 **安全。**

但是，**过度焦虑**只会阻碍你。

| 周日 | 周一 | 周二 | 周三 | 周四 | 周五 |

周日：周五有数学测验。小心哦！

周一：啊！

周二：哦，不！不！不！

周三：我完了！

周四：测验！不要！

周五：糟透了！跟我预想的一样！

有时候焦虑对你没有好处……

我怕下雪！

特别是当你担心的问题其实并不存在时。

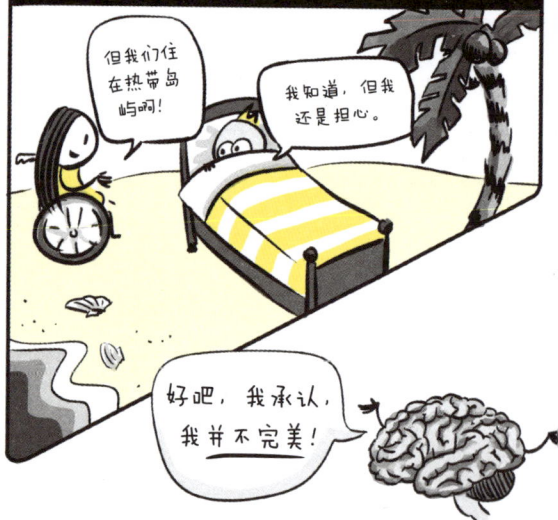

但我们住在热带岛屿啊！

我知道，但我还是担心。

好吧，我承认，我并不完美！

8

有些时候，焦虑不知源于何处，
你并没有什么特别值得担忧的事。

还有些时候，焦虑确实有源头，
但你不确定源头是什么。

你不能决定自己会为了什么焦虑，或什么时候焦虑。

大脑，我不想焦虑。

哦，对不起——你没有选择权。

有些人天生就比别人更容易焦虑。

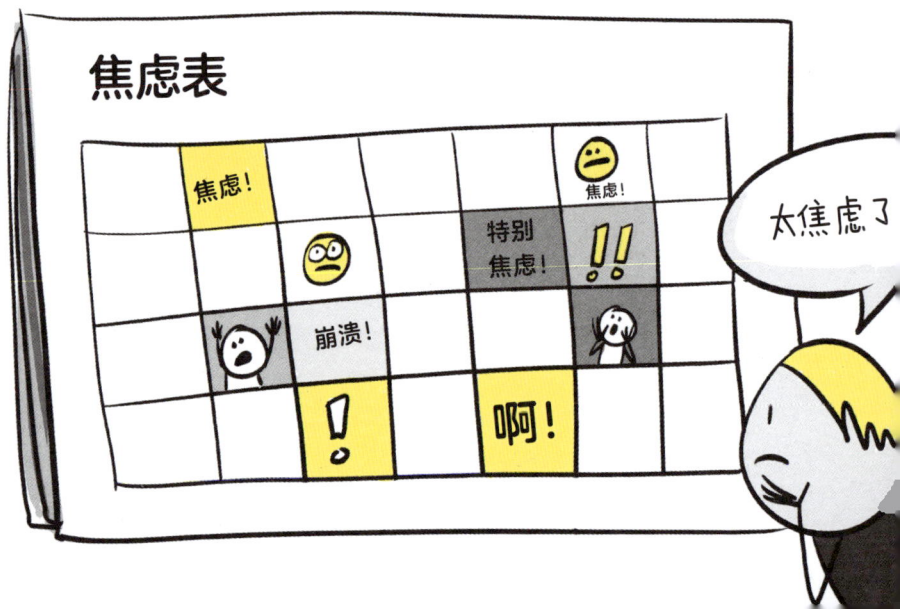

焦虑表

焦虑!				焦虑!
	😐		特别焦虑!	‼️
🙌	崩溃!			🙀
	❗		啊!	

太焦虑了

你感受到的焦虑在程度上时高时低。

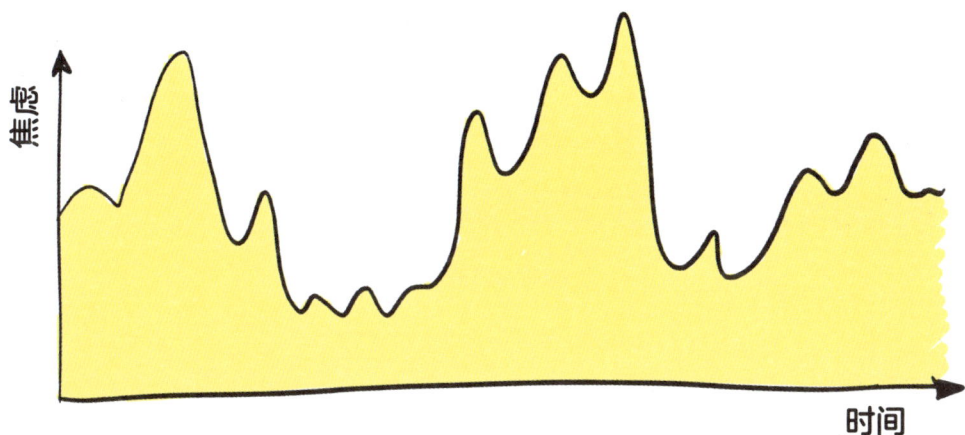

但焦虑的程度没有"正确"或"错误"之分。

你的感受就是一切！

简讯!

人们偶尔会感到一阵突如其来的强烈的焦虑，也就是**恐慌**。

> 我经历过!

它可能让你产生强烈的情绪反应。

> 倒吸一口气。

它也可能反应在你的身体上。

> 嗷!
> 胸口痛!

> 但别担心——即使像恐慌这样强烈的情绪也不会让你生病。

> 这些情绪都是我哟!

第2章

猜猜这是谁？
是我，焦虑

你好呀！！

如果你不知道焦虑是什么，焦虑的情绪就会让你不安。

哇！

但当你意识到了自己的焦虑，它就没那么可怕了。

哦，你好。又是你。

你好呀！

不过是个影子。

你好，我叫焦虑。

13

有时，焦虑反应在你的
想法中，

特别是当你为某件事担忧的时候。

学校组织的
短途旅行?!
呃……

也许那些
"校霸"在公园……

看牙医!

有些想法时常出现，非常强烈，
而且在你经历压力事件后长期存在。

旅行 旅行
旅行 旅行
旅行 旅行

"校霸"……
如果在校车上碰到"校霸"
怎么办? 碰到一群"校霸"
怎么办?
肯定有
"校霸"。

牙医!

有时，焦虑反应在你的
感受中。

精神不集中

头痛

头晕

燥热、脸红

出汗

发寒

呼吸困难

心跳加速

胸口痛

胃痛

麻木或刺痛

失眠

颤抖

肌肉紧张

你也许没有这些感受，
也许有其中一种或全部感受！

科学角

焦虑在你的**身体**里做了什么?

焦虑
令你的身体分泌
肾上腺素
（一种应激激素）。

啥啥！

肾上腺素让你呼吸变快、心跳加速。这太棒了，这样你就可以快速逃离一只危险的浣熊。

啊！

我只是想吃意大利面！

但是，肾上腺素也使你无法冷静或安然入睡。

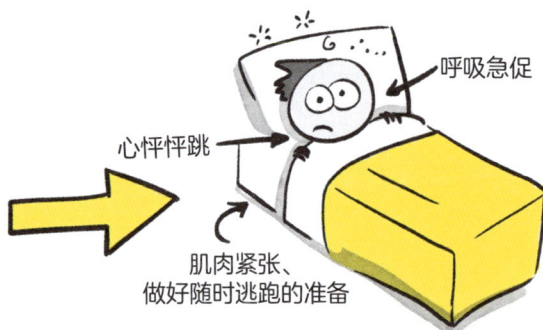

呼吸急促

心怦怦跳

肌肉紧张、做好随时逃跑的准备

16

你最不需要
焦虑的
就是
焦虑本身！
你不想陷入
"焦虑循环"吧。

焦虑！

哦，我不该焦虑！

我更焦虑了！

我是不是焦虑过头了？

面对焦虑，人们的
反应不同。

难过？我一点儿也不难过！

你看起来很难过。

生气

你如果注意到这些，就可能发现我哟。

焦虑

转移注意力

哼，总是做得不够好！

返工

事情顺利吗？

很顺利。

你确定吗？

确定呀。

真的吗？

渴望确定的答案

不饿的时候吃东西

零食

我好难受——也许应该一直待在家。

逃避日常生活

哎哟，我总是胃痛！

身体不适

无所谓。

对任何事都漠不关心

19

你越能识别出焦虑

（不管它如何乔装），

哦，你好啊！

呵呵，我想你真的认出我来了！

你就越容易直面焦虑。

今天我没时间在意你。我们明天再来看看所有的烦恼吧。

好的！明天见！

烦恼清单

简讯！

你也许是这样想的。

> 如果焦虑自然存在且对我有益，为什么我会有那么多无用的焦虑呢？

嗯，大自然创造了许多超酷且实用的东西。

> 能看见真不错！

眼睛

> 我很可爱，也很暖和！

厚厚的皮毛

> 我能打开易拉罐！

能与其他手指对握的拇指

但是，它也创造了一些会给生活制造麻烦的东西。

> 亮光好美！

鹿看到车灯后僵住的反应

> 哦！我的阑尾！

人的阑尾

> 哦，不！我在往火里飞！

飞蛾的导航系统

因此，

你的焦虑是自然存在的，但也可能给你制造麻烦。

第3章

焦虑 影响了我们

啊!

现在你知道怎么

识别 焦虑了。

(干得漂亮!)

嘿,就是它!!

谁?我吗?

是时候想想焦虑是否给你造成了 影响。

哦,我给你制造麻烦了吗?

是的。

生活,这边请!

你好,我叫
焦虑。

你怎么知道焦虑是否对你造成影响了呢?

问问你自己:
我是否在做对自己重要的事情?

我想参加,但我好紧张。

啊哦,焦虑影响了你。

虽然很紧张,但不管怎样,我都要参加!

好样的! 焦虑没有对你造成影响。

我想唱歌,但我太害羞了……

可恶! 焦虑绝对对你造成影响了。

我还是很害怕,但我要和好朋友一起唱。

耶!!!

你太棒了! 焦虑没有对你造成影响。

你如果长时间感到焦虑，
就很难做自己想做的事情。

你可能发现焦虑造成了很多问题。

睡眠问题

学习问题

社交问题

想弄明白焦虑对你来说是不是一个问题，最好的方法是看看你在

逃避

什么。

如果你在逃避，

我现在没发热，但我感觉就要发热了。

不想上学

我认为，我们该谈谈。

拒绝不愉快的谈话

不。

嘿，看！有派对！！

避开社交

那么你可能十分焦虑。

迷你漫画之
屁屁派对

想来参加我的通宵派对吗？

嗯……

要是……怎么办？

噗！

呃……不了，谢谢。

那天晚上……

太无聊了。

最漫长的夜晚！

与此同时，在通宵派对上……

哈哈哈！

这是最美好的夜晚！！

噗！

哈！哈！

哈！哈！哈！哈！

没事吧？

这是最美好的夜晚！

完

有时，想象中的糟心事其实没什么大不了。

第 4 章 心情糟透了？照顾好自己！

耶！

如果焦虑压得你喘不过气来，
你可能需要一些"工具"来平复心情、
走出困境。

这些"工具"在你的

工具箱 里。

想要这些吗？

不，不是
这些工具。

而是在你
感到焦虑时，
让你好起来
的方法。

方法，这边请！

从 最基本的 方法开始。

比如，你感觉不好时，

哇!

唉!

有些事能让你好起来。

你的身体
有点儿像
盆栽。

是吗?

是的。

如果你好好照料植物，
它会长得很好。

水

阳光

舒服！

有营养的土

透气的盆

如果你不好好照料，
它就长不好。

好渴啊！

你的身体也一样。

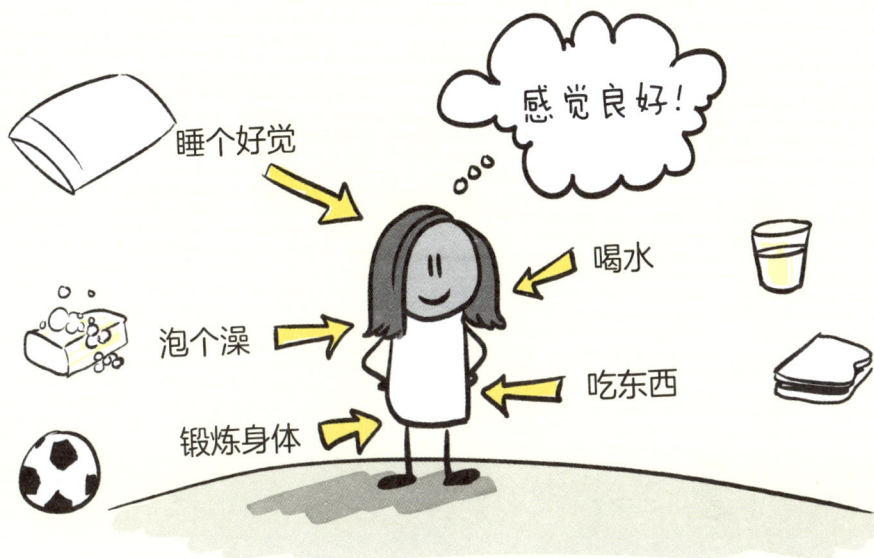

睡个好觉

感觉良好！

喝水

泡个澡

吃东西

锻炼身体

做好这些基本的事情，身体才会舒适。
如果基本需求得不到保障……

烦……事事都不顺！

疲劳

有点儿臭

口渴

整天待在家

饥饿

至于什么让人感到舒适，
每个人的需求都不一样。

我每隔几小时就需要吃点儿零食。

我可不这样！
我一天要
吃两顿大餐。

当你感觉不适的时候，问问自己：

如果我花时间做……会不会感觉好点儿？

嗯……三明治。

吃东西？

呼……

嗯……

出去走走？

睡觉？

泡澡？

喝水？

科学角

为什么做轻松、简单的事情能起**作用？**

当心！

!

当你感到疲劳、饥饿、口渴、太热或太冷时，你的大脑会发现异常，

从而触发警报系统。

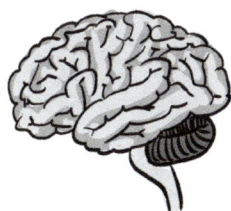

进入紧急状态！

啊！

如果你能让身体舒适一些，大脑往往也会放松下来。

错误警报？好的！我冷静一下。

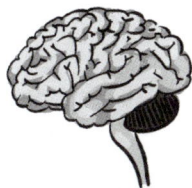

33

通缉令

下面这些罪犯会导致你更加焦虑。

冰红茶　功能饮料　可乐

咖啡因

糖果　白砂糖

太多的糖

电子产品

当心这个臭名昭著的团伙！

只要减少与这群罪犯来往，
你就能得到

奖励——
感觉更轻松。

你如果已经做了所有的事情，

但 **仍然** 感到

焦虑……

我已经吃了一肚子三明治，但还是很焦虑！

是时候借助一些特殊的工具来帮你冷静和放松。

哦，我找到了一把扳手。

哈！我们是在打比方啦。

唉!

你好,我叫
焦虑。

但当你深陷焦虑的泥潭,
有些事可以帮助你的
大脑和身体恢复

平衡。

耶!

它们是可以放进焦虑 **工具箱** 的工具。

其中一些能
安抚万分焦虑的你,
另一些能帮助你
变得坚强。

1号工具
深呼吸

太简单了。我一直都在呼吸啊！

很好！下面，慢慢地呼吸，好好感受呼吸。

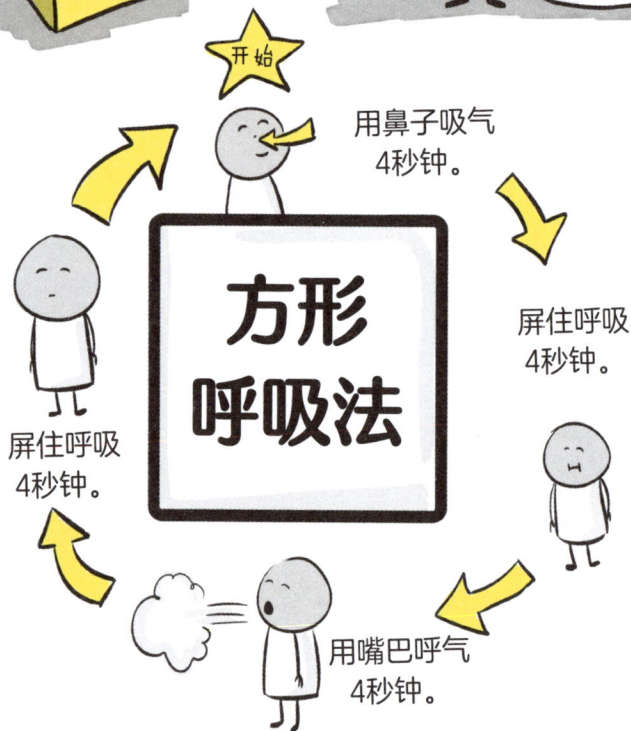

开始

用鼻子吸气4秒钟。

方形呼吸法

屏住呼吸4秒钟。

屏住呼吸4秒钟。

用嘴巴呼气4秒钟。

呼气和吸气时，专心感受呼吸。

为什么有帮助？　深呼吸

焦虑就像油门。

呼吸加快

分泌肾上腺素！

心跳加速

紧张不安

深呼吸就像刹车。

呼——

刺激迷走神经（很好！）

心跳变慢

冷静、放松

2号工具
关注身体的感受

开始 → **仔细观察周围的5种东西**

- 窗户
- 黄色的毯子
- 自己的手
- 苍蝇
- 用过的创可贴

用手触摸周围的4种东西

- 枕头
- 脚下的地面
- 空气
- 还是那个用过的创可贴

用心聆听周围的3种声音

- 蟋蟀的叫声
- 自己的呼吸声
- 身边人打嗝的声音

闻一闻2种物品的气味

- 铅笔的气味
- 袜子的气味（恶心！）

认真品尝1种食物的味道

- 今天的三明治（金枪鱼味的！）

为什么有帮助？

你焦虑的时候，大脑会紧张、兴奋或胡思乱想。

当你开始关注自己的身体或感官，大脑才有机会冷静下来。

休息一下真好，谢谢！

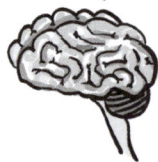

3号工具
写烦恼日记

写下所有
你担心的事情。

你可以将
这些事情说
给愿意帮助
你的朋友
或大人听。

你甚至可以
想想以后翻看
烦恼日记的情景。
这样能让你
放松一些。

想想关于
未来的事情

为什么有帮助?

当你直面焦虑时,
它看起来就不再可怕了。

你好啊。

你好。

4号工具
放松肌肉

1 躺下，深呼吸。

2 从脚趾开始——

尽力蜷曲脚趾10秒钟。

然后放松10秒钟。

3 从脚趾慢慢往上，尽力绷紧身体的每一块肌肉，然后慢慢放松。

4 将注意力放在你的肚子、眼睑，以及它们之间的每一块肌肉上！（当然也包括你的屁股！）

为什么有帮助？

当你焦虑的时候，你的肌肉通常非常紧张。做这样的练习能让肌肉放松。

放松

5号工具

想象

如果大脑中的想法让你感到不舒服，你可以试着想象自己来到了一个令人放松的地方。

这个地方是什么样的？

这个地方有什么声音？

这个地方感觉像什么？

这个地方有什么气味？

为什么有帮助？

当你想象的时候，大脑以为你想象的事情真的发生了。想象一个令人放松的地方有助于大脑放松。

嘿！被你骗了！

不过，确实感觉不错！

6号工具
质疑负面想法

并非你产生了一个想法，这个想法就会变成现实。

我们完蛋了！完蛋了，我告诉你！

我们好着呢，真的！

所以，当你萌生了负面想法，
问自己两个问题：

1 它变成现实的可能性大吗？

2 最坏会发生什么，我怎么处理？

为什么有帮助?

知道担心的事情不太可能发生，并且知道无论发生什么你都能处理，能减少焦虑，让你信心大增。

当你焦虑时，这**6**个工具能帮你走出困境。

再见！

这里还有其他工具，你每天都能用上！

锻炼

每天锻炼30分钟
能帮你应对焦虑。

7号工具

8号工具

与关心、支持你的人交谈。

常常我

没问题！

好听众

交流

远离电子产品

放下电子产品，
走进自然，
放松心情。

第 6 章

走出那个区域

说的是你的舒适区哟!

舒适区指的是生活中你熟悉和让你放松的部分。

啊,舒服!

有些人的舒适区很大。

有些人的舒适区很小。

学习新技能

探索

品尝陌生的食物

认识新朋友

分享观点

我认为……

和我的狗玩

看电影

不管你的舒适区属于哪种,走出舒适区、尝试新事物都能给生活带来更多乐趣和益处。

走出舒适区会让你感到……不舒适。

所有人都在看我比赛，而我会搞得浑身都是蓝莓！

吃馅饼大赛

但是，使用工具箱里的工具有助于你迈出第一步。

呃……馅饼！

吃馅饼，这边请！

拓展舒适区最好的方式……

哦？怎么做？

是做那些让你**不怎么舒适**的事情。

等等，现在？

比如

嘭！

尝试一项新运动

嗯……

或当众演讲。

因为，一件事你做得越多，
你的大脑和身体就越熟悉它。

是的！

第**1**次
课堂发言

嗯……

⭐ 口干舌燥
⭐ 心跳加速
⭐ 不停颤抖

第**5**次
课堂发言

我好像知道
答案……

⭐ 仍然紧张
⭐ 语速飞快

第**50**次
课堂发言

我有个
好主意……

⭐ 轻松自如
⭐ 自信满满

你越适应**不舒适**的感觉，

那件事很难，
但我尽力做到了！
我很自豪。

绝大多数时候，
你就越舒适。

自信满满

迷你漫画之
小狗哈维

小狗哈维对自己的生活很满足。

它喜欢躺在主人身上睡觉。

咕……

喜欢吃好吃的。

喜欢别人挠它的肚子。

但有一件事哈维一点儿也不喜欢——

出门！

不、不、不、不！

走呀！

外面总有些什么让哈维紧张不已。

汪！

翻倒的花盆

？

！

垃圾桶

躲在这里，谁也看不见我！

？

其他友好的小狗

汪！

只是草而已！

一天，在风中摇晃的一簇草把哈维吓坏了。

就算如此，哈维还是每天都出门。（小狗总是要尿尿的。）

我要去尿尿！

它尽管很害怕……

这些湿乎乎的东西是什么？

依然四处探索。

嗯，真好闻！

慢慢地，它没那么害怕了。

当然，有时它还是害怕。

快，藏起来。

有时它完全不害怕。

你好，小草！

它的舒适区变大了，

嗯，我想我刚刚吞了一只蜜蜂！哦，没事儿。

越来越大。

汪！

它自由、快乐地享受着生命的美好。

完

第7章 与失败交朋友

很多事情会带来焦虑。
但是许多焦虑有同一个源头——
害怕

失败。

问题是，你往往要失败
很多次才能成功。

第一次说话

第一次走路

第一次系鞋带

第一次打篮球

冒险

有时，学习和成长需要冒险。

冒险？听起来
一点儿也不安全！

不是那种让你有生命危险的冒险。

（可不是让你蒙着眼
睛，双手拿着鱼头，
与鲨鱼比赛游泳。）

是那种完全安全，但可能让你有些紧张的冒险

尝试陌生的食物　　学一门新语言　　学习舞蹈　　学习骑自行车

许多人试图让自己的生活看起来
完美无缺······

（特别是在网络平台上。）

♥ 750

♥ 1,025

1分钟后······

噗

恶心！

咬

啊！

但他们的生活中同样有艰难、焦虑、伤心和尴尬的时刻。

我才不会上传那样的照片呢！

为什么人们不愿谈论
失败 呢?

因为，焦虑之下
有时隐藏着巨大的担忧。

你往下发掘时就会找到它。

我够好吗?

好消息是：

是的，
你已经
很好了！

你原本的样子就很好。

即便只有一个人为你点赞，而且这个人是你的妈妈。

即便你的成绩很糟糕。

即便你犯了错。

不完美是生命的常态。

试想一下，如果你是完美无缺的，那得多乏味啊！

放弃追求完美能减少焦虑。

有时候，

成绩不好时	别人跟你生气时	你杞人忧天时

要是······怎么办？

记住下面这句话会有帮助：
艰难坎坷只是人生的一部分，
你好着呢！

这个分数不能代表我。我只是需要多练习。

人都会犯错。我改正就好了。

焦虑很正常。我也可以想想让我快乐的事情。

第 8 章

寻求帮助

在这里寻求帮助吧！

如果你极度焦虑，已经无法独自承受，那就不要独自承受！

这些人能给你提供帮助。

心理治疗师	心理学家	有时医生也能提供帮助

还有许多资源可供参考。

心理咨询网站
心理类图书

我需要别人的帮助来学会使用那些工具，这没什么问题！

简讯！

当一个人感到焦虑时，
并非所有人都能理解他。

行了，没什么大不了的！

不要像个小孩似的。

有什么大不了的？

你太自私了！

面对别人的焦虑时，有些人会加以嘲笑，
或表现出沮丧，甚至生气。

如何给予帮助？

试试这样做！

⭐ 倾听但不评论

⭐ 试着理解

⭐ 问对方需要什么帮助

听起来真不容易。

我相信你。我能提供什么帮助？

谢谢！

听你说相信我，我一下子感觉好多了。

记住，你比你的焦虑重要多了。

我有些焦虑，但同时……

我对待朋友很忠诚。

我做的奶酪三明治棒极了。

我喜欢滑滑板。

我有本超酷的速写本。

我相信我自己。

即使感到焦虑，你仍能勇敢面对。

勇敢

并不表示你不能害怕或焦虑……

你还在这儿啊？

是的！

勇敢意味着做那些

对你很重要

的事情，不管你是否焦虑。

我做到了！

你完成的每一项挑战，
不论大小，
都将使你更加坚强和自信

雷切尔·布莱恩

时不时会焦虑，但是对此感觉良好，因为焦虑是生活的一部分！蓝椅工作室（Blue Seat Studios）的创始人、所有者以及主要创作者。作品有《什么是同意（儿童版）》等。曾从事研究和教育工作，后来一直致力于艺术创作。与几个孩子、几只狗，以及她的伴侣一起生活在美国罗得岛州。